L'ART DE LA GUERRE

CONVERSATION

CHEZ LA COMTESSE D'ALBANY

Tiré à 500 exemplaires sur papier vergé.
15 — sur papier de Chine.
15 — sur papier Whatman.

530 exemplaires.

L'ART DE LA GUERRE

CONVERSATION

CHEZ LA C^TESSE D'ALBANY

PAR

PAUL-LOUIS COURIER

Suivie d'un Opuscule anonyme publié à Berlin,
et qui paraît avoir servi de modèle
à cet écrit célèbre

PRÉFACE PAR LOUIS LACOUR

PARIS
LIBRAIRIE DES BIBLIOPHILES
Rue Saint-Honoré, 338

MDCCCLXXI

PRÉFACE

Un *maître, le plus disert des causeurs, M. Jules Janin, a écrit naguères, avec ce charme qu'on lui connaît, l'histoire de la conversation. Il l'a prise au bégayement de l'humanité pour la conduire jusqu'à ce jour, répandant sur son récit tout le sel d'une érudition aimable. Nul mieux que lui n'était capable de s'acquitter de cette tâche qui lui avait été tracée par les éditeurs de l'encyclopédie familière intitulée* Dictionnaire de la Conversation. *C'était l'article de fond, le mot capital de l'œuvre. Notre écrivain fait d'abord une longue station au Portique et dans les jardins de l'Académie à Athènes. Déjà, sous le ciel de la Grèce, avec Platon pour législateur, l'esprit de conversation est devenu un art consommé, un art à la perfection duquel n'atteindra plus que le XVIIe siècle français, avec pareil éclat sans doute, mais une moindre élévation et de plus modestes destinées. Car les dialogues du Portique ont marqué la maturité de la raison humaine et la prise de possession de l'homme par lui-même. L'ingénieux styliste pénètre dans les gynécées de la ville de Périclès et se mêle à la conversation féminine, dont les échos sont malheureusement bien affaiblis. Il arrive à Rome et salue dans Cicéron un génie universel qu'il replace sur le marbre du Forum, au milieu de ses interlocuteurs. Puis, sans plus tarder, il traverse les âges et frappe à la porte des salons de Rambouillet et de Cornuel. C'est la France qui lui ouvre, toute la France chevaleresque, galante, aimable, des Retz, des Tallemant, des La Rochefoucauld, des Sévigné, cette France spirituelle et polie qui est le premier, le plus vif reflet de la civilisation moderne.*

A défaut d'un retour impossible vers ces temps disparus pour jamais, reproduire au moins la pâle image de cet esprit de conversation qui fait la gloire du génie français serait rendre à l'histoire du goût un service signalé. On a bien composé des recueils épistolaires. Il serait certes aussi intéressant de rassembler en un même corps d'ouvrage ou par fasci-

cules distincts les conversations célèbres. Le nombre n'en serait pas grand. On les compte celles qui ont survécu aux lieux qui les ont entendues. Les plus célèbres causeurs ne sont pas ceux dont le nom brillerait le plus dans ce Panthéon d'un nouveau genre. Si peu ont trouvé des sténographes d'esprit pour noter leurs saillies, leurs paradoxes, leurs improvisations caressantes ou frondeuses! Nous avons, pour notre part, déjà réédité la fameuse Conversation du maréchal d'Hocquincourt, *immortalisée par Saint-Evremont, un chef-d'œuvre entre les chefs-d'œuvre du goût; puis un entretien du duc de Choiseul avec la princesse de Guéménée, esquisse railleuse du dernier siècle. Parmi les plus connues, voici une conversation qui s'impose aujourd'hui à des titres divers à notre attention : c'est celle qui fait l'objet de cette brochure, et qui eut pour héros la comtesse d'Albany, illustre veuve du dernier des Stuarts, le peintre Fabre et Paul-Louis Courier, qui nous l'a transmise.*

Les divers éditeurs de Courier, en ajoutant ce fragment à ses œuvres, n'ont pas raconté dans quelles circonstances il avait été écrit. Nous ne doutons point que l'entretien n'ait réellement eu lieu entre les personnages mis en scène; mais le spirituel Tourangeau a dû le modifier quelque peu, et il en a fait une œuvre d'art, peu soucieux sans doute de n'être que l'interprète exact de ses deux amis. Voici la seule note que nous ayons trouvée, et qui forme toute la bibliographie de cet opuscule :

« Ceci était considéré par Courier comme *achevé*. L'ayant depuis longtemps en portefeuille, il le destina en 1821 à être inséré dans un journal périodique intitulé *le Lycée*, dont M. Viollet-Leduc, son ami, était rédacteur. Les bornes de ce recueil ne permirent pas de publier un morceau d'une telle étendue, et la conversation demeura inédite. Elle est intitulée *Cinquième conversation*, parce que, d'autres ayant préparé celle-là, Courier, engagé par la comtesse d'Albany, comptait les écrire toutes; mais, à l'exception d'une conversation sur Alfieri, dont on n'a point retrouvé trace, quoiqu'elle soit connue de quelques amis de Courier, le projet s'arrêta là. »

Mais d'où vient que cette conversation, en des termes qui peuvent fournir le texte de rapprochements extraordinaires, ait été entendue à Berlin cinquante ans avant qu'elle ne se produisît entre les hôtes de la comtesse d'Albany? Cette autre conversation, dès lors racontée et éditée, était-elle tombée entre les mains de la comtesse, et celle-ci avait-elle profité du sujet pour donner carrière à la verve railleuse de Courier? ou Courier a-t-il pris cet in-

forme canevas pour y broder ses propres idées? Comme Poquelin, le maître immortel de la conversation satirique, Courier a pu prendre son bien où il l'a trouvé. Sous un titre ridicule, un écrivain prussien, pâle imitateur des pamphlets de Voltaire et des élucubrations de son roi Frédéric II, a laborieusement compilé les raisons pour lesquelles la philosophie combat l'esprit de conquête : c'est ce libelle obscur, plus lourdement écrit que vingt volumes de scolastique, que Paul-Louis, avec sa verve endiablée, s'approprie, transforme, et qui devient sous sa plume l'un des chefs-d'œuvre de la plus fine plaisanterie et du paradoxe.

La rencontre que nous avons faite dernièrement de l'ouvrage anonyme prussien, ouvrage fort rare, nous a engagé à mettre au jour cette publication. Bien entendu, nous laissons aux deux auteurs la reponsabilité de leurs opinions, qui ne peuvent nous toucher ici qu'au simple point de vue de la critique littéraire.

Dans le choix de ses interlocuteurs Courier n'a pas mis moins d'esprit qu'il n'a mis d'art dans la composition et le style de son dialogue. Nul besoin de longs détails sur ceux-ci. Toutefois nous sommes bien aise de trouver leurs noms pour leur payer notre « tribut » d'éloges, pour nous acquitter de notre part dans la dette de reconnaissance que la postérité a contractée envers eux. Ce sont des amis glorieux que nous rencontrons sur le chemin et qu'il nous est agréable de saluer en passant. D'abord cette fameuse comtesse d'Albany, illustrée par sa beauté, son esprit, ses malheurs, ses aventures, dans un temps où n'ont pas manqué les célébrités en ce genre, mais qui mérite une place honorable et bien acquise au milieu du groupe des Mécènes historiques. On sait qu'elle fut longues années la muse d'Alfieri, que ce poëte lui doit ses émotions les plus vives, ses inspirations les plus élevées; qu'il chanta sa passion de façon à ce que le monde entier l'entendît et rendît hommage aux deux amants. Entourés des poëtes, des artistes les plus connus de leur temps, ils vécurent dans une continuelle fête du cœur et de l'esprit. Nul trouble ne vint affaiblir leur affection, et la fortune, qui ne se rit pas toujours des passions humaines, leur a réservé la suprême consolation d'être réunis en un même tombeau. C'est à Florence qu'ils reposent, entre Machiavel et Michel-Ange : singulière rencontre pour ces génies si divers.

Pendant les vingt dernières années de sa vie, c'est-à-dire après la mort du tragique, la comtesse d'Albany occupa son temps à l'étude et à la culture des arts. Beaucoup de poëtes et de peintres reçurent d'elle ces marques d'intérêt dont ils avaient tant besoin à une époque où la politique et les armes absorbaient tous les esprits en Europe. De

Naples, de Florence, elle veillait sur cette famille d'adoption qu'elle avait conquise par sa grâce, formée de ses conseils et retenue près d'elle par la bonté de son cœur. Dans ce nombre de protégés, le plus favorisé fut François Fabre, peintre de talent formé par David, et auquel on verra que Courier ne marchande pas d'autres mérites[1]*. Institué légataire universel de la comtesse d'Albany, Fabre revint, en 1824, habiter Montpellier, sa ville natale, qui retrouva en lui l'un de ses plus dignes enfants. C'est à lui, en effet, que l'on doit la création et la fondation de ce musée Fabre, l'une des gloires de l'Hérault et l'une des plus belles collections d'art de la France contemporaine.*

Vers le milieu de son pamphlet, et dans un autre passage encore, Paul-Louis Courier rapproche, après Boileau, le nom d'Homère de ceux d'Alexandre et d'Annibal; c'est dans ce sens que l'écrivain prussien a pu cacher sa fantaisie satirique sous le titre d' « Homère plus gentil qu'Annibal », *ouvrage qui parut à Berlin, chez Arnaud Wever, en 1763*[2]*. Le nom de l'auteur est inconnu. Il semble à certains passages qu'on ait affaire à un*

1. « Véritablement, il parle bien de tout, dit-il, mais surtout des choses de l'art, où il est expert ; il y a plaisir à l'entendre. »

2. In-12 de 40 pages numérotées de 1 à XL. Le titre est imprimé tout entier en encre rouge.

homme d'épée. C'est notre cas avec le Tourangeau. Mais là point de grâce dans les reparties, nulle habileté dans les transitions, aucun goût dans les saillies, et de plus des plaisanteries dignes des tréteaux et écrites vraisemblablement au retour d'un petit souper à Potsdam, après la représentation d'une parade des boudoirs. Cependant l'ensemble n'est pas sans intérêt et complète sur quelques points les critiques de Courier. Plusieurs pages sont sérieusement écrites. Un certain Jules Thierry, qui a laissé sa griffe de propriétaire-Prudhomme sur l'exemplaire qui nous appartient, a résumé en ces termes l'impression qu'il a tirée de sa lecture : « Ce petit volume, plein de sens et d'originalité, n'est pas bien écrit d'ailleurs. Il ne faut pas tirer du burlesque les preuves d'un sujet grave par lui-même. » Enfin l'auteur, qui n'était pas tout à fait un sot, voyait juste dès 1763 ce qu'on pouvait faire de nos armées près d'un demi-siècle plus tard. On trouve dans la bouche d'un de ses personnages des paroles que le jeune Bonaparte aurait pu, — a pu même répéter dès Toulon, tant elles sourient à son étoile : « Donnez-moi la rage de la gloire et le royaume de France, en dix ans je fais la conquête du monde ! »

Des rapprochements qu'établira le lecteur entre les deux pamphlets les principaux sont, sans parler de la similitude complète du sujet : la conversation, dirigée dans l'un et l'autre cas par une comtesse ; le nombre des interlocuteurs, qui est le même, car dans le récit de Courier son propre rôle n'est qu'épisodique : l'entretien s'agite entre la comtesse et Fabre, deux amants comme le sont chez l'auteur allemand le chevalier et sa noble partenaire. Quelques épisodes sont les mêmes. La comtesse de Courier a sous la main les Essais *de Montaigne ; celle de l'anonyme de 1763, un tome de Fontenelle. Quelques phrases sont presque semblables. Un plus grand nombre se rapprochent par une pensée complétement analogue. Qu'on en juge :*

COURIER.	NOTRE ANONYME.
« Il n'y avait qu'un Alexandre. — Que dites-vous?... il y avait dans l'armée d'Alexandre cent officiers capables de la commander comme lui. »	« On trouvera qu'Alexandre n'était qu'un manœuvre.... Y avait-il un sergent dans son armée qui n'eût pu aller aussi loin que lui parmi les Barbares? »
—	—
« Ah ! c'est qu'on n'a jamais vu un général peindre, au lieu qu'on a vu commander des	« Il n'y a pas une seule des qualités militaires des Scipion et des Pompée qu'un

peintres et des gens d'autres professions, ou même sans profession. »

—

« Un jeune prince à dix-huit ans arrive de la cour en poste, donne une bataille, la gagne, et le voilà grand capitaine pour toute sa vie, et le plus grand capitaine du monde. »

—

« Je doute qu'il y ait un général qui ne se trouvât embarrassé si l'empereur lui commandait un tableau d'histoire... Il n'a pas besoin d'essayer; mais moi, je ne puis être sûr, avant d'en avoir fait l'épreuve, si je ne commanderais pas bien. »

homme de lettres ne puisse avoir au suprême degré. »

—

« Épaminondas était pauvre et philosophe et n'avait jamais fait la guerre ; dès sa première campagne il fit trembler toute la Grèce. »

—

« Mettons le poëte à la place du général et le général à la place du poëte: on conçoit mieux comment Voltaire aurait pu gagner la bataille de Rocroi, qu'on ne conçoit comment le grand Condé aurait composé la Henriade. »

Ces divers exemples sont suffisants pour établir la singularité qu'offrent les deux écrits à être lus l'un à côté de l'autre. On remarquera seulement que le plus ancien ne fait contraster que les lettres et l'art de la guerre, tandis que Courier choisit un terme de comparaison bien plus sensible, donnant à un peintre le rôle de contradicteur. Dans sa bouche les arguments ont quelque chose de plus spécieux. Au contraire, il n'y aurait rien de facile, prenant le dernier exemple cité, comme de combattre le génie du poëte avec autant de succès que la science de la guerre, par cette simple parodie des raisonnements du Berlinois : « Mettons le peintre à la place du poëte et le poëte à la place du peintre : on conçoit mieux comment David aurait pu traduire les Géorgiques *qu'on ne conçoit comment Delille aurait composé les tableaux du sacre. » Bien entendu en supposant le pauvre Delille encore doué de la vue et de la santé en 1810.*

Enfin nous trouvons un dernier terme de comparaison dans la manière dont se terminent les deux conversations : « Non, non, dit la comtesse d'Albany, je vous donne gagné, pourvu que nous nous mettions à table. » Et le galant chevalier prussien nous apprend, à son tour, que son entretien s'est aussi achevé à table : « Poursuivez, comtesse, poursuivez. Mais on va servir... »

Après cela nous prouvera-t-on que la conversation de Courier lui est propre, qu'il ne s'inspire de personne, qu'il puise tout au plus son idée dans cette dispute de Boileau et du prince de Conti, rapportée si à propos dans son dialogue? Nous ne demandons pas mieux. Que nos efforts pour le soutien de notre thèse aient été jeu d'esprit, nous le voulons bien. Ce ne sera jamais qu'un paradoxe ajouté à tous ceux qu'on va lire, paradoxes aimables et d'une saveur particulière, où l'on reviendra quelquefois pour y goûter ce plaisir que cause la contradiction dans la bouche des femmes de bon ton et des hommes bien élevés.

Sainte-Beuve, qui n'analyse pas dans leur entier les œuvres de Courier, s'empare de la Conversation *pour la critiquer avec une véritable hauteur de vues. Voici le jugement qu'il porte sur elle, joint aux considérations dont il croit devoir le faire précéder. On voit que son sens critique l'inspire. Il devine dans l'ouvrage des réminiscences. Nous retrouvons là un des traits les plus frappants de cette sagacité particulière à l'illustre critique :*

« Envoyé en 1805 dans le royaume de Naples sous le général Gouvion-Saint-Cyr, Courier s'accoutume de plus en plus à prendre la guerre par le côté peu idéal et peu grandiose. Commandant d'artillerie, il ne croit pas à son métier ni à son art; et quand il entrevoit, en s'arrêtant un moment dans une bibliothèque, l'occasion de publier et de traduire quelque ancien, il se moque encore de cette gloire-là ; mais il est évident, à la manière dont il en parle, qu'il y croit plus qu'à l'autre. Et ici j'aborderai franchement l'objection avec Courier, et je ne craindrai pas de montrer en quoi je le trouve trop étroit, fermé, négatif et injuste. Dans la *Conversation chez la comtesse d'Albany*, il agite cette question de savoir s'il y a un art de la guerre, s'il y a besoin de l'apprendre pour y réussir, s'il ne suffit pas qu'il y ait une bataille pour qu'il y ait toujours un grand général, puis qu'il faut bien qu'il y ait un vainqueur ; et il met dans la bouche du peintre Fabre sa propre opinion, toute défavorable aux guerriers, tout à l'avantage des artistes, gens de lettres et poëtes. Par un jugement aussi absolu, Courier fait tort, ce me semble, à son esprit, je ne dirai pas militaire, mais historique, et il montre qu'il n'a pas embrassé un ensemble. S'il avait voulu dire simplement qu'il y a bien du hasard à la guerre, que les réputations y sont souvent surfaites ou usurpées, que l'exécution des plans les mieux combinés dépend de mille accidents et de mille instruments qui peuvent les déjouer et les trahir, et que, dans l'art individuel du peintre et du poëte, avec toutes les difficultés qui s'y mêlent, il n'entre point de telles chances, il n'y aurait qu'à lui donner raison, et *il n'aurait rien dit de bien neuf*. Mais Courier va plus loin, il doute de l'art militaire même et du génie qui y a présidé dans la personne des plus grands capitaines; il doute d'Annibal; il doute de Frédéric; il doute de Napoléon; lui qui a l'honneur de servir sous Saint-Cyr et qui le reconnaît « le plus « savant peut-être dans l'art de massacrer », il ne prend nul goût à s'instruire sous ce maître; il a l'air de confondre Brune et Masséna; la première campagne d'Italie, pour lui, n'est pas un chef-d'œuvre. Tranchons le mot : il y a un héroïsme et une géométrie qui s'entr'aident l'une l'autre et qu'il n'entend pas[1]. »

Armand Carrel, d'ordinaire si favorable à Courier, avait déjà donné le ton à la critique sur ce passage des œuvres de son ami. Mais, si Paul-Louis se trompe, les motifs de son erreur s'expliquent aisément. Carrel, pour être juste, tient à le replacer dans le milieu où il alla chercher ses impressions de 1812 :

« Quel homme, en contemplant Bonaparte au passage, n'eût été atteint de la séduction commune? Courier ne résista point au désir de voir s'achever cette guerre (de 1812) qui commençait

1. Sainte-Beuve, *Causeries du Lundi*, t. VI, p. 331.

comme une iliade. Ce n'était point un esprit sec, étroit, absolu. Il avait la prompte et hasardeuse imagination d'un artiste. Faire une campagne sous Bonaparte, lui qui n'avait jamais vu que des généraux médiocres ; rencontrer peut-être l'homme qu'il lui fallait, l'occasion qu'il n'avait jamais eue ; montrer que, s'il faisait fi de la gloire, ce n'était point qu'il ne fût point fait pour elle : toutes ces idées l'entraînèrent... Il se glisse comme ami dans l'état-major d'un général d'artillerie, et, sans fonctions, sans qualités bien décidées, il arrive à la grande armée. Mais Courier ne savait pas ce que c'était que la guerre comme Bonaparte la faisait. Quoiqu'il eût assisté à plusieurs affaires chaudes, il n'avait jamais vu les hommes noyés par milliers, les généraux tués par cinquantaines, les régiments entiers disparaissant sous la mitraille ; les tas de morts et de blessés servant de rempart ou de pont aux combattants ; l'artillerie, la cavalerie, roulant, galopant sur un lit de débris humains, et quatre cents pièces de canon faisant pendant deux jours et deux nuits l'accompagnement non interrompu de pareilles scènes. Or, il y eut de tout cela pendant les quarante-huit heures que Courier passa dans la célèbre et trop désastreuse île de Lobau. Notre canonnier ne vit rien, ne comprit rien, ne sut que faire dans l'immense destruction qui l'entourait. La faim, la fatigue, l'horreur, eurent bientôt triomphé de l'illusion qui l'avait amené. Il tomba d'épuisement au pied d'un arbre, et ne se réveilla qu'à Vienne, où on l'avait fait transporter. Aussi prompt à revenir qu'à se prendre, il quitta la ville autrichienne comme il avait quitté Paris, et alla se remettre en Italie des épouvantables impressions qu'il avait été chercher à la grande armée. Depuis lors, son opinion sur les héros, sur la guerre, sur le génie des grands capitaines, a été ce qu'on la voit dans la *Conversation chez la comtesse d'Albany*. Courier n'a pas voulu croire qu'une pensée, une intention quelconque, aient jamais présidé à un désordre tel que celui dont il avait été témoin. Il a été jusqu'à nier absolument qu'il y eût un art de la guerre. A la vérité, on pouvait tomber mieux qu'à Essling et Wagram pour saisir et voir en quelque sorte opérer le génie militaire de Bonaparte. Ce n'est pas à ces deux sanglantes journées, mais aux quinze jours de marches et d'opérations qui les amenèrent, que la campagne de 1809 doit sa juste immortalité. Courier l'eût compris mieux que personne, si ses émotions de Wagram ne l'eussent brouillé sans retour avec la guerre. »

Une réponse plus catégorique, et d'un caractère tout spécial, aux critiques spirituellement soulevées par Courier et par son modèle, nous est fournie par l'ouvrage de M. Vuillaumé[1]. *Les pensées suivantes s'appliquent évidemment à notre pamphlétaire : « De soi-disant philosophes ont absolument réprouvé la guerre, sans considérer que les décrets de la Providence la commandent quelquefois, comme les révolutions. » — Et plus loin : « La science de la guerre n'a rien de mystérieux et n'exige point une longue pratique. La plupart des grands capitaines se sont révélés dès le premier moment. Non-seulement il n'est point nécessaire d'avoir fait la guerre pour en savoir les règles, mais on peut connaître celles-ci d'autant mieux qu'on a l'esprit dégagé des formalités routinières. » Puis, ici : que la guerre est certainement une science aux règles précises, et que les capitaines devenus illustres s'étaient appliqués à son étude et en possédaient le génie ; là, qu'on ne saurait naître guerrier illustre, quoique l'on naisse prince et destiné à passer des bancs de l'école aux camps et aux conseils de l'armée. Et si le pamphlétaire, par la bouche de Fabre, vient dire que le premier venu peut tracer des plans de bataille et commander des généraux et des milliers d'hommes, son contradicteur nous rappelle aussitôt qu'Alexandre avait eu*

1. *L'Esprit de la Guerre*. Paris, Lachaud, 1870, in-18, 6e édition.

pour précepteur le plus grand philosophe de l'antiquité, et qu'il correspondait encore avec son maître pendant ses campagnes d'Asie; qu'Annibal, César et Frédéric II étaient aussi prodigieusement instruits. Il prouve que le hasard n'a que très-peu d'influence dans la fortune des combats : « Quand Annibal triompha en plusieurs rencontres consécutives des Romains, plus nombreux et mieux armés que ses troupes, Polybe nous prouve que ce ne fut que pour avoir observé des règles encore méconnues par ses ennemis. Henri V à Azincourt, Jeanne d'Arc à Orléans, Frédéric à Rosbach, Napoléon à Rivoli, Wellington à Waterloo, triomphent par des moyens semblables à ceux d'Eugène de Savoie, de Gustave Adolphe et d'Annibal. »

Pour ce qui nous concerne, nous nous rallions complétement aux principes exposés d'une façon si complète, si curieuse, et parfois si éloquente, par l'écrivain que nous venons de citer[1]*. Véritable catéchisme du patriotisme militaire et civil, son livre fait la part de ce qu'ont pu avoir de fondé, à certaines époques de l'histoire heureusement éloignées de nous, les railleries d'un Courier, pour ad-*

1. « La guerre, dit-il quelque part, est condamnée par l'économie politique comme par la morale, puisqu'elle appauvrit même le vainqueur... Il importe surtout de démontrer que les batailles inutiles, c'est-à-dire qui ne

mettre aussi, d'un point de vue supérieur, qu'il y a dans la vie des peuples de douloureuses circonstances où la guerre s'impose comme le plus énergique des engins de civilisation. Et alors les hommes qui s'illustrent dans le commandement des armées, certains de la reconnaissance de leurs concitoyens et de l'humanité, ne sauraient être confondus avec ces insensés que la poésie et le pamphlet ont, dès longtemps avant Courier et l'anonyme de Prusse, qualifiés et immortalisés comme ils méritent de l'être.

La Conversation chez la Comtesse d'Albany *ne figure pas dans les premières éditions de Courier. On la trouve dans celle d'Armand Carrel, tant de fois reproduite par MM. Firmin Didot* (éd. in-18, p. 311-329). *Sainte-Beuve aimait à parler de cet écrit, et nous avons déjà cité l'un des traits de sa critique. On devra lire aussi et admirer avec Sainte-Beuve*[1] *une* « ample et chaleureuse » *biographie de la Comtesse d'Albany écrite par*

tendent pas au triomple définitif de la cause qui a pu légitimer la guerre, ne sont que d'immenses assassinats. Dans la vie de certains monarques, on nous vante sans cesse le nombre de celles qu'ils ont gagnées et des villes qu'ils ont prises, quoique leur carrière ait été funeste à l'humanité tout entière comme à leur patrie. »

1. Sainte-Beuve, *Nouveaux Lundis*, V, p. 395, et t. VI, p. 25.

M. Saint-René Taillandier[1]. *L'érudit écrivain, en tirant des archives du Musée Fabre les matériaux de son ouvrage, nous a introduits complétement dans la société de cette femme célèbre. Nous n'avions passé qu'une après-midi chez elle, M. Saint-René Taillandier nous invite à demeurer. Nous voici des familiers, grâce à cette étude spirituelle, et qui est le meilleur complément du récit de Courier.*

LOUIS LACOUR.

1. En tête de sa belle édition des *Lettres inédites écrites à Madame d'Albany*. Paris, Lévy, in-18.

CONVERSATION

CHEZ LA C^TESSE^ D'ALBANY

A NAPLES, LE 2 MARS 1812.

Ce fut moi qui leur dis, je ne sais à quelle occasion, que notre siècle valait bien celui de Louis XIV. Fabre se récria là-dessus :

« Quelle différence, bon Dieu ! tout sous Louis XIV fleurit. — Si vous parlez des arts, lui dis-je, en quel temps les a-t-on vus plus florissants qu'aujourd'hui ? »

Je voulais le faire un peu causer. La comtesse me devina, et entrant dans ma pensée :

« Il est vrai, dit-elle, que les arts sont aujourd'hui tellement cultivés, encouragés.... — On en parle beaucoup, dit Fabre. — Oh ! on fait plus qu'en parler. »

J'appuyai ce sentiment de madame d'Albany, et pour preuve je citai le salon du Louvre à Paris, où tous les ans....

« Oui, oui », interrompit Fabre ; et s'approchant de la fenêtre du côté de Pausilippe : « Où donc vont toutes ces troupes le long de Chiaia, là-bas, vers la grotte ? — Je ne sais, répondis-je. Mais, par exemple, ce tableau de Gérard que nous vîmes hier chez le roi, n'est-ce pas là un bel ouvrage, et qui eût paru tel du temps de Lesueur et du Poussin ? — Ma foi, dit-il, les canonniers nos voisins montent à cheval. Il y a quelque parade sans doute. Le roi sera revenu de Caserte. »

Il tâchait ainsi de détourner la conversation ; mais moi :

« Et David, lui dis-je, David n'est-il pas fondateur d'une nouvelle école ? Guérin, Girodet et vous-même, ne faites-vous tous rien qui vaille ? » Il me repartit : « Eh bien, oui ; c'est mon métier ; j'en puis parler, et je vous dis qu'il y a tel tableau du Poussin qui vaut mieux seul que tout ce qu'on a fait depuis. »

Je fus aise de le voir venir où je voulais. Je l'entretins sur ce propos, et il se mit à nous dire ce qu'étaient les arts sous Louis XIV, comparant les ouvrages d'alors à ceux d'aujourd'hui, et donnant de tout la prééminence au siècle passé, hors qu'il avouait que depuis un temps on se relevait chez nous de ce méchant goût, de cette misère où tomba si tôt notre école après ses beaux jours. Nous l'écoutions, et pour moi je n'eusse jamais songé à l'interrompre, car véritablement il parle bien de tout; mais sur ces choses-là, où il est expert, il y a plaisir à l'entendre. La comtesse lui dit :

« A ce que je puis voir, en ce genre, selon vous, nous valons mieux que nos pères et moins que nos aïeux. Je vous crois, certes, plus capable que personne d'en bien juger; mais dans ce que vous nous dites n'entre-t-il point un peu de passion, quelque grain de partialité pour votre peintre favori? Car enfin ce tableau du Poussin... c'est comme si vous préfériez une fable de La Fontaine... — A merveille, dit-il : en effet, pour une belle fable de La Fontaine on donnerait aisément tous les vers du XVIIIe siècle. — Vous moquez-vous? La Henriade, les tragédies de Voltaire? — Pourquoi non, si Voltaire lui-même en est d'avis? — Quoi? — Chose sûre. N'a-t-il pas écrit, et je crois en plus d'un endroit, que personne, depuis l'âge d'or de notre poésie, n'a su faire vingt bons vers de suite? L'âge d'or de notre poésie, c'est le siècle de Louis XIV. — Eh bien, que fait cela? — Vous l'allez voir, pour peu que vous daigniez m'entendre.

« Vingt bons vers de suite dans une fable font une bonne fable, n'est-ce pas? — Comment l'entendez-vous? dit madame d'Albany. — J'entends qu'une fable ordinairement n'ayant guère plus de vingt vers, si vingt vers sont bons dans cette fable, et vingt de suite, la fable est bonne. — Assurément. — Or il y a, continua-t-il, telle fable de La Fontaine où ne se trouvent pas seulement vingt bons vers de suite, mais où tous les vers sont fort bons. Me trompé-je? — Oh! pour cela non. — Cette fable est bonne par conséquent? — Sans contredit. — Et une bonne fable est un bon ouvrage? — Qui en doute? — Maintenant, ni dans la Henriade, ni dans les tragédies de Voltaire, il n'y a pas vingt bons vers de suite, de l'aveu même de Voltaire? — Comment cela? — Eh oui. Ne sont-ce pas tous vers faits depuis le règne de Louis XIV, c'est-à-dire depuis qu'est passé le temps où l'on savait faire vingt bons vers de suite? Et les gens difficiles n'y en trouvent pas dix. Or, je vous prie, Madame, un ouvrage en vers, et un long ouvrage où ne se trouvent pas vingt bons vers de suite dans plusieurs milliers, est-ce un bon ouvrage? — Mais, dit-elle, ce pourrait bien être un ouvrage médiocre. — Non, reprit-il, car le médiocre n'est pas reconnu des poëtes. Tout ce qui s'appelle poëme, au dire des maîtres de cet art, est bon ou mauvais; point de milieu. Le médiocre et le pire, c'est tout un. Vous savez le vers de Boileau. — Quoi! voudriez-vous dire que les tragédies de Voltaire sont de mauvais ouvrages? — Selon Boileau, dit-il; en effet, vous le voyez: n'étant pas bonnes, puisqu'il n'y a pas vingt bons vers de suite, ni médiocres, puisqu'il n'y a pas de médiocre en poésie, elles sont de nécessité mauvaises. Mais je veux, pour l'amour de vous, Madame, que Boileau se trompe, Horace et toute la poétique; qu'il y ait des poëmes médiocres, et que la Henriade en soit aussi bien que les tragédies : vous m'accorderez qu'un seul bon ouvrage vaut mieux que cent mauvais ouvrages, mieux que tous les mauvais ouvrages qu'on saurait faire en cent ans. — Il me le semble bien, dit-elle. — Mieux même que tous les ouvrages médiocres? — Eh! je ne sais trop. — Quoi! la chose ne vous paraît pas claire? — Eh, mais! dit-elle, par exemple, dix écus où il y aurait moitié seulement d'alliage et le reste d'argent fin vaudraient mieux qu'un bon écu sans aucun alliage. — Fort bien, parlant de la matière. Mais, à ne considérer que l'art, une médaille de Pikler vaut mieux que toutes les piastres du Pérou; et puis le mérite de l'exécution, la difficulté vaincue : si un sauteur saute dix pas, tous ceux qui viendront après lui sauter quelque cinq ou six pas, fussent-ils dix mille, ne feront rien. Et c'est cela même, voyez-vous. La Fontaine saute les dix pas, il franchit le fossé, lui. Voltaire et tous les autres qui n'en peuvent autant faire tombent pêle-mêle au fond. — Voilà, dit la comtesse, une comparaison..... » Il avoua qu'elle était bizarre. « Mais enfin point de prix si on n'atteint le but. Vous avez beau en approcher, tout cela ne compte non plus que rien, et Boileau l'entend ainsi, ou je suis bien trompé. Que vous en semble? — Pour Dieu! dit-elle, concluez, et qu'il n'en soit plus parlé. — Non, Madame, non, c'est un chagrin que je veux vous épargner : car vous voyez où cela va. Il se trouverait tout à l'heure que l'Ane et le Chien de La Fontaine effaceraient Orosmane et tous les héros de Voltaire. Mais pour mon tableau du Poussin, que ce soit, si vous voulez, le Ravissement de saint Paul, ou la Femme adultère, ou un des Sacrements, tête bleue ! à de tels ouvrages opposer ce qu'on fait maintenant, c'est outrager le goût, c'est blasphémer les arts ! »

Sa colère et cette dialectique nous divertirent, et nous convînmes qu'il fallait qu'il eût été à quelque autre école que celle de David pour argumenter de la sorte.

« Enfin, savez-vous bien, dit madame d'Albany, ce que vous avez fait avec votre logique et vos subtilités? C'est que vous ne m'avez point persuadée du tout. Jamais je ne croirai que les tragédies de Voltaire soient mauvaises ni même médiocres. — Mais, Madame, ne vous le prouvé-je pas *par raison démonstrative*? Trouvez-vous rien à dire à mon raisonnement? — Que sais-je, si j'y voulais songer? dit-elle. Vous êtes préparé, vous, sur ces matières-là. Vous avez beau jeu contre nous, quand il s'agit des arts et de la littérature. — En effet, Madame, dis-je, il est là sur son terrain. Pour en avoir meilleur marché, il faut le dépayser un peu. Puis, quand il serait vrai, dis-je, m'adressant à lui, qu'on eût su mieux peindre alors et mieux écrire qu'aujourd'hui, n'avons-nous pas, nous, sur ce siècle-là, d'autres avantages bien plus grands? Les sciences, la politique, la guerre... — Ah! dit la comtesse, qu'est-ce que tout cela au prix des tableaux et des fables? Le Saint Paul et vingt vers de suite, voilà la gloire d'un siècle. Tout le reste est bagatelle. »

Il se mit à rire, et nous dit :

« Ma foi, non-seulement vous me dépaysez, mais vous m'embarquez là dans des mers inconnues. Les sciences, la guerre, la politique, ce sont lettres closes pour moi. — Ah! ah! dit la comtesse, le voilà qui fléchit. Allons, vous, me faisant un signe, ferme, achevez-le, c'est l'affaire de deux ou trois coups. — Quoi! dit-il, n'y a-t-il donc point d'accommodement? Et qui vous céderait pour ce siècle-ci la guerre et les sciences? Ne quitteriez-vous pas à l'autre les arts, la politesse, le goût? — Bon, vous voudriez, je crois, faire les choses égales. Non, point de quartier, ou vous signerez que nous l'emportons en tout sur votre Louis XIV, et que quiconque a pu soutenir le contraire est extravagant, ridicule. — Vous me croyez abattu, dit-il, vous me portez le poignard à la visière. Eh bien! plus d'accord, plus de paix; je reprends tout ce que je voulais bien vous céder, et je vous soutiendrai *mordicus*, jusqu'à mon dernier syllogisme, que ce siècle-là est en tout supérieur au vôtre autant que le cèdre à l'hysope. — Dans les sciences? dis-je. — Dans les sciences, dans toutes les sciences, depuis l'astronomie jusqu'à la croix de par Dieu. — Et dans la guerre? — Oui. — Quelle folie! — Me voilà prêt à vous le prouver à pied et à cheval.

— Vous croyez qu'il se moque, me dit madame d'Albany; mais il est homme à se charger d'une pareille cause. — Pourquoi non? — Vous allez, lui dis-je, nous faire voir qu'on sait aujourd'hui moins de physique, de mathématiques? — Point du tout; ce n'est pas là de quoi il s'agit. — Comment? — Non, il n'est pas question d'examiner si nos savants en savent plus que ceux-là, étant venus après eux. Car d'abord, instruits par eux, ils ont su ce que ceux-là savaient; et depuis, il serait étrange qu'ils n'eussent pas appris quelque chose que ceux-là ignoraient. Les progrès qu'ont fait faire aux sciences les uns et les autres, voilà ce qu'il faudrait voir, et balancer les découvertes. — Eh, mais! lui dis-je, ce serait pour n'en pas finir. — Non, reprit-il, les grandes découvertes sont en petit nombre. Les nôtres, celles de nos pères, tout cela serait bientôt compté; et mettant à part ce qu'ils nous ont laissé, à part ce que nous-mêmes avons amassé, on verrait à l'œil que tout notre fonds nous vient d'eux, et que depuis longtemps en ce genre nous acquérons peu; puis le mérite, qui n'est pas petit, de nous avoir, eux, ouvert la route et aplani les obstacles. — Oh! ce qu'ils ont fait pour nous, nous le faisons pour d'autres. — Oui, mais c'est le premier pas qui coûte. — Ils moissonnaient, dis-je ; nous glanons. Au reste, ajoutai-je, peut-être avez-vous raison en un sens, et je pense qu'il y aurait assez à dire pour et contre. — Vraiment, dit madame d'Albany, la matière est belle, et ce serait affaire à vous deux d'éclaircir ce point, s'il ne vous manquait... — Quoi? dit Fabre. — Oh ! rien, une misère: de savoir de quoi vous parlez. — Quant à cela, dit-il, ce n'est pas une affaire. J'ai cru longtemps aussi qu'*on n'était point docteur sans prendre ses degrés*, et que pour parler des choses il les fallait connaître ; mais je vois tous les jours tant de gens raisonner des arts sans en avoir la moindre idée, et en faire de gros livres et en tenir école, que, ma foi, je ne veux plus être ignorant sur rien, et je vais tout à l'heure vous parler de la guerre en amateur éclairé. Car je me doute que c'est là où vous m'attendez. — Vous soutenez donc, lui dis-je, la gageure jusqu'au bout? — Hautement. — Allons, voyons comme vous vous en tirerez. — Oui, dit la comtesse, voyons, parlez-nous de batailles. »

Il fut un moment à rêver debout contre le mur

de la fenêtre, regardant vers Capri, et à quelques mots que nous lui dîmes il ne répondait rien; puis revenant à nous :

« Il faut d'abord, dit-il, établir la question. — Quelle question? lui dis-je; il n'y a point de question. Vous vous mettez en tête de soutenir qu'aujourd'hui nous sommes moins guerriers qu'on ne le fut sous Louis XIV; appelez-vous cela.... — Oui, voilà ce que c'est, nous sommes moins guerriers; voilà ce que je veux démontrer. Or, qu'est-ce que guerriers? — Guerriers, dis-je, ce sont les gens qui font la guerre. — Ainsi, dit-il, les plus guerriers seraient ceux qui font le plus la guerre? — Assurément. — Non, reprit-il, ce n'est pas là la question; ai-je raison de la vouloir déterminer exactement? Rien n'est si rare que de s'entendre et de savoir de quoi l'on dispute. Rappelez-vous donc qu'il s'agit de la gloire du siècle, qui consiste non à faire beaucoup la guerre, mais à la bien faire; hé? — Sans doute. — Car, ajouta-t-il, si vous me disiez, dans notre première discussion, qu'on peint plus à présent que du temps du Poussin, j'en demeurerais d'accord, mais non pas si bien; et que l'on écrit davantage, sans contredit; mais de quelle façon? voilà le point. Or il en va de même de la guerre, à mon avis. — J'entends bien, dis-je; vous prétendez qu'on la faisait alors mieux, avec plus de science et d'habileté qu'aujourd'hui. — Justement. »

Madame d'Albany riait, et elle lui dit :

« Après cela vous nous conterez vos campagnes, vos siéges, vos batailles: car, pour parler de ces choses-là, il faut bien que vous en ayez quelque expérience. — Je ne crois pas, dit-il, quant à moi, cette nécessité. — Quoi! vous connaitrez qui fait mieux ou plus mal la guerre, sans l'avoir jamais faite, sans être du métier! — Fort bien. Ne puis-je juger les acteurs à moins d'être acteur moi-même? et de la pièce, n'oserai-je en dire mon avis si je n'ai composé? Mais vous, Madame, je vous prie, fîtes-vous jamais la cuisine? — Non, dit-elle, qu'il me souvienne. — Eh bien! à table, l'autre jour, chez madame votre sœur, vous déclarâtes son cuisinier le meilleur de Naples et du royaume. N'ayant jamais pratiqué l'art, vous prononçâtes hardiment sur le mérite de l'artiste: et en effet à l'œuvre on connaît l'ouvrier, sans qu'il faille être pour cela immatriculé dans la profession. Enfin on faisait mieux la guerre en ce temps-là; et voici comme je le prouve. — Un moment, dis-je, répondez-moi. Pourquoi fait-on la guerre? — Pourquoi? — Oui, quel est le but qu'on se propose en faisant la guerre? N'est-ce pas de battre l'ennemi? — Sans doute. — Et de le dépouiller? — Fort bien. — En quinze jours nous battons plus d'ennemis et faisons plus de conquêtes qu'on n'en eût su faire en cent ans alors. — Un moment, me dit-il; à mon tour. Quel est le but du jeu? de gagner, si je ne me trompe? — Oui. — Eh bien! de deux joueurs jouant séparément contre différents adversaires, l'un gagne dix sous, l'autre dix louis; et le premier qui gagne dix sous a joué trois heures durant, le second trois minutes; en trois coups il a donné le mat, et gagné dix louis. Lequel joue le mieux? — C'est selon, dis-je. — Comment, selon? y pensez-vous? Dix louis en trois minutes, et dix sous en trois heures? — Mais, dis-je, si l'homme aux dix louis a eu affaire à une mazette? — Ah! voilà ce que c'est! Dans vos guerres vous avez affaire à des mazettes qui vous laissent conquérir des royaumes en quinze jours; et en quinze ans alors à peine gagnait-on quelque place. Qu'est-ce à dire, sinon qu'alors on se battait, la partie se défendait? Alors étaient les grands joueurs, alors se faisaient les beaux coups. Si on perdait à Malplaquet, on prenait sa revanche à Oudenarde. L'échec de Ramillies se réparait à Denain. C'était au plus habile. Aujourd'hui que voit-on? Des marauds qui dépouillent quelque enfant de famille. »

Il dit autre chose encore... « Vos courses de Paris à Vienne... On abandonne plutôt la capitale maintenant qu'alors on ne reculait un pas sur la frontière... L'honneur en ce temps-là, aujourd'hui le butin... » Et puis il ajouta, dont je me souviens bien :

« Voulez-vous que je vous dise? On pille, on massacre aujourd'hui, on ravage beaucoup plus qu'alors; mais certainement on se bat moins... Car la guerre, qui avait autrefois deux parties, l'attaque et la défense, n'en a plus qu'une maintenant; et s'il y eut jamais un art de s'égorger, la moitié en est perdue. — Assurément, dit la comtesse, ce n'est pas faute qu'on l'exerce. Pour moi, j'aurais cru tout le contraire; c'était l'art que j'imaginais le plus perfectionné de nos jours. — Mais, Madame, dis-je, remarquez-vous qu'il doute même s'il y a un art de faire la guerre? — Comment? — Demandez-lui plutôt. »

Et le voyant sourire :

« Mais, dit-elle, il y en a tant de livres. — Oh! il y a, dit-il, des livres de théologie, et même des livres de magie. Cependant je ne crois pas plus à l'une qu'à l'autre. — Et qu'est-ce donc que la tactique, la fortification, la castramétation? — Que je meure si j'en sais rien! — Oh bien! je le sais, moi, et je m'en vais vous le dire, dit madame d'Albany. La tactique, c'est l'art de ranger des soldats selon certaines règles, pour donner des batailles : en un mot, c'est l'art de se battre. — Et sans cet art, dit-il, on ne se battrait point? Oh! la bonne science! ajouta-t-il, et bien nécessaire! car comment ferions-nous, je vous prie, pour nous entre-tuer, si de grands hommes ne nous en montraient la méthode? — Tout ce qu'il vous plaira; mais elle existe enfin, cette méthode, cette science, vous ne le sauriez nier. — Écoutez, dit-il : je veux croire, puisque tout le monde l'assure, qu'il y a un art de la guerre; mais vous m'avouerez que c'est le seul qui ne demande point d'apprentissage. C'est le seul art qu'on sache sans l'avoir appris. Dans les autres, il faut de l'étude et du temps : on commence par être écolier ; mais dans celui-ci on est d'abord maître, et, pour peu qu'on y apporte des dispositions, on fait son chef-d'œuvre en même temps que son coup d'essai. — Expliquez-nous ceci, dit madame d'Albany : car votre idée est étrange, ou je ne vous comprends pas. — Eh quoi! dit-il, moi, par exemple, quand j'ai voulu être peintre, je ne me suis pas mis à peindre tout d'un coup. Il me fallut d'abord apprendre le dessin; je dessinai d'après la bosse, je dessinai d'après nature. Mais, avant d'en venir là, combien de temps croyez-vous que je demeurai à faire des yeux et des oreilles, des pieds, des mains, une demi-figure, puis une figure entière? Et venu là, nouveau travail; nouvelles études d'après le modèle vivant. Que d'application! que de patience! que de difficultés! Et je n'avais pas encore commencé à peindre! Enfin je peignis, fort mal d'abord, ensuite moins mal, puis un peu mieux. Au bout de trente ans finalement, je suis peintre tel que j'ai pu l'être, et, quand j'étudierais mon art encore trente années, je ne saurais jamais autant qu'il m'en resterait à apprendre. Or, voilà ce que je veux dire : dans ce grand art de commander les hommes à la guerre, la science ne vient pas comme cela peu à peu, mais tout à la fois. Dès qu'on s'y met, on sait d'abord tout ce qu'il y a à savoir. Un jeune prince à dix-huit ans arrive de la cour en poste, donne une bataille, la gagne, et le voilà grand capitaine pour toute sa vie, et le plus grand capitaine du monde. — Qui donc? demanda la comtesse; qui a fait ce que vous dites là? — Le grand Condé. — Oh! celui-là, c'était un génie. — Sans doute, dit-il; et Gaston de Foix? L'histoire est pleine de pareils exemples. Mais ces choses-là ne se voient point dans les autres arts. Un prince, quelque génie qu'il ait reçu du ciel, ne fait point tout botté, en descendant de cheval, le *Stabat* de Pergolèse, ou la Sainte Famille de Raphaël.

— Voulez-vous, lui dis-je, qu'un prince soit peintre ou maître de chapelle? — Non, dit-il; Dieu me garde d'avoir cette pensée. Molière l'a dit, je m'en souviens : *La coutume chez nous ne veut pas qu'un gentilhomme sache rien faire*; à plus forte raison un prince. Mais ces gens-là, qui ne savent rien faire, savent faire la guerre, n'est-ce pas? — Assurément, et mieux que d'autres. — Oh! pour mieux, c'est une autre affaire. J'ai vu

Des gens de tout métier, de tout poil, de tout âge,

comme dit La Fontaine, endosser le harnois et se trouver guerriers sans y avoir jamais pensé. J'ai vu des peintres, de mes camarades à moi, jeter là la palette et conduire des troupes à la guerre comme s'ils n'eussent fait autre chose de leur vie. Je doute qu'il y ait un maréchal qui ne se trouvât embarrassé si l'empereur lui commandait un tableau d'histoire. — Je crois, lui dis-je, comme vous, que peu s'en acquitteraient bien, et vous seriez apparemment dans la même peine si on voulait vous obliger à commander un corps d'armée. — Peut-être. — Quoi! vous en doutez? — Mais c'est qu'en effet il y a une grande différence. — Et quelle? — Le maréchal est sûr de ne pouvoir faire un tableau, il n'a pas besoin d'essayer; mais moi, je ne puis être sûr, avant d'en avoir fait l'épreuve, si je ne commanderais pas bien. — Pourquoi, dis-je, sauriez-vous moins que lui ce que vous pouvez faire, ou lui mieux que vous de quoi il est incapable? — Ah! c'est qu'on n'a jamais vu un général peindre, au lieu qu'on a vu commander des peintres, et des gens d'autres professions, ou même sans profession, au-dessous desquels je n'ai pas l'humilité de me placer, et je ne crois pas qu'on soit tenu d'être si modeste.

— Tout de bon, dit madame d'Albany, vous vous mettriez demain à la tête d'une armée? — Je n'irais pas, dit-il, m'offrir; mais, si on m'en priait... — Vous vous y prêteriez? — Et comment m'y refuser? J'aurai beau dire que je suis peintre, pauvre diable, sachant dans mon métier peut-être quelque chose, hors de là quoi que ce soit, on me répondra que les princes qui ne savent rien du tout font ce qu'on exige de moi, et que ce que fait bien un prince, tout le monde le peut faire. Dire que je n'ai lu de ma vie une ligne de leur tactique, ni vu seulement la parade, mauvaise excuse que cela. Messieurs tels et tels, vivants ou morts depuis peu, sans en avoir plus de pratique ni d'étude que vous, ont pris de ces commandements, et s'en sont acquittés avec l'applaudissement universel. Que répondrai-je?

—Mais enfin, repartit madame d'Albany, il y a des règles à la guerre, et ces règles-là, il les faut savoir. — Voulez-vous, Madame, que je vous dise là-dessus ma pensée? J'ai peur qu'il n'en soit de la guerre comme du langage. Il y a des règles pour parler, et ces règles font un art qu'on appelle la grammaire. Or, on a remarqué que les maîtres dans cet art, et tous ceux qui s'étudient à parler régulièrement, parlent plus mal que les autres. — Justement, dit-elle, et les princes et les gens de cour, qui ne savent point ces règles, sont ceux qui parlent le mieux, et voilà comme ils font la guerre.—Sans savoir ce qu'ils font, reprit Fabre. — Comme M. Jourdain de la prose. — Ce qu'on pourrait vous dire, Madame, c'est que, dans la vérité, le langage de la cour... — Quoi? allez-vous encore me disputer cela, et avez-vous résolu de ne nous rien accorder? Expliquez-nous plutôt pourquoi, s'il est si commun de voir des gens faire la guerre sans l'avoir apprise, et si c'est une chose si aisée, pourquoi il y a si peu de grands capitaines. — Mais, Madame, de fait, y en a-t-il si peu? Comptez dans chaque siècle les sculpteurs et les peintres, je dis les bons, ceux dont les ouvrages se peuvent regarder deux fois; comptez les poëtes: vous en trouverez de loin en loin, à certaines époques rares et fortunées, quelques-uns, en quelque coin de l'Europe. Car, des quatre parts de la terre, trois sont stériles pour les arts, et le sol à cet égard le plus favorisé de la nature est dix siècles sans rien produire. Dix siècles se passent sans qu'on voie un peintre, un écrivain passable. Mais de grands généraux, il y en a toujours en tous temps, en tous lieux. — Mon Dieu! dis-je, au contraire, il n'y en a jamais qu'un. Vous ne verrez nulle part dans l'histoire deux conquérants contemporains; et sous Alexandre il y avait plusieurs grands peintres, plusieurs sculpteurs, poëtes, orateurs excellents; mais il n'y avait qu'un Alexandre. — Que dites-vous? Il y en avait mille auxquels il ne manquait qu'une armée; et son secrétaire même, qui n'était point soldat, qui ne portait en campagne que la plume et l'écritoire, se trouva grand capitaine sitôt que Dieu le voulut, et battit les Cassander, les Polysperchon et tous les traîneurs de sabre. Allez, il y avait dans l'armée d'Alexandre cent officiers capables de la commander comme lui, et hors de l'armée mille individus ayant en eux, sans le savoir, tout ce qui fait les Alexandre. — Et croyez-vous, dis-je, qu'il n'y ait pas mille gens ignorés qui possèdent toutes les qualités propres à faire un grand peintre? — Sans doute il y en a, dit-il, mais beaucoup moins que de ceux-là dont on ferait de grands généraux. — Et à quoi le voyez-vous? — Parbleu, cela est clair. La moitié des gens qui se battent sont vainqueurs et grands guerriers. De deux généraux opposés, l'un battra l'autre, et sera grand : c'est l'affaire d'une heure. Combien peu, de tant de gens qui s'appliquent aux arts, parviennent en toute leur vie à la médiocrité! L'étude donne les talents, le hasard les commandements; mais vingt ans d'étude ne font pas toujours un bon peintre, chaque jour de bataille fait un grand général!

— Sur ce pied-là, dit la comtesse, nous en

devons avoir bon nombre. Que d'exagération! — Vraiment, reprit-il, j'ai tort : non-seulement la moitié, mais tous sont d'étoffe à faire des héros, et la fortune manque à plusieurs, le mérite à aucun. — J'entends : selon vous on s'élève toujours par la fortune, jamais par le mérite. — Franchement, dit-il, le mérite a fort peu de part à tout cela. Un homme naît grand ou on le fait grand, sans que le mérite s'en mêle. David n'est pas né peintre, et personne ne l'a fait peintre; il s'est fait lui-même ce qu'il est : à cela il y peut avoir du mérite. En un mot, on est général sitôt qu'on a une armée; on a une armée dès qu'on est fils de Philippe, ou gendre de Pompée, ou ami de Sylla, et on gagne des batailles. Est-on peintre dès qu'on a une toile et des couleurs, et peut-on faire un tableau? N'y va-t-il que d'être parent de David ou de Canova pour tenir un rang dans les arts? — Mais aussi, dit-elle, est-ce tout d'avoir une armée? — Si ce n'est pas tout, c'est beaucoup : car après cela il n'y a plus qu'une bataille à gagner, et la fortune se charge encore de cette partie-là. Mais, pour qu'un homme soit peintre, il y faut plus de façon : cela ne se donne pas en dot ni ne se lègue par succession. Jamais le pinceau du Titien ne fut un héritage; Raphaël ne dut rien au bon plaisir de Michel-Ange; il eût servi de peu à Lysippe d'épouser la sœur de Scopas ou la fille de Praxitèle. Pour parvenir au comble de la gloire de son art, ni alliance, ni parenté, ni naissance, ni faveur, ne le pouvaient dispenser d'un seul des degrés nécessaires de ce pénible apprentissage; et, pâlissant sur le modèle, encore eût-il perdu ses veilles comme tant d'autres, si le ciel ne l'eût doué d'une âme capable de sentir les beautés naturelles; car il faut tout cela : une exquise sensibilité et un travail opiniâtre, un enthousiasme de génie et une patience à l'épreuve des difficultés, une conception vive et prompte et une lente méditation, tout ce que peut joindre l'étude à une heureuse nature, assemblage plus rare que la fortune et les commandements. Et voilà pourquoi si peu d'hommes excellent dans les arts, tandis qu'il y a un grand général partout où l'on se bat. — C'est là que vous en revenez toujours, dit la comtesse. — Et notez bien, poursuivit-il, remarquez encore ceci, de grâce. Ce général n'a qu'un adversaire; celui-là, vaincu par adresse, par ruse, par force ou par hasard, lui livre le prix. Tous ses compagnons sont ses instruments, agissent par lui et pour lui, confondent leur gloire dans la sienne. Mais, pour un artiste, autant de camarades, autant de rivaux qu'il doit combattre tous ensemble et séparément, à armes égales, sans fraude, sans supercherie ; et s'il sort vainqueur de cette lutte, il n'a encore rien fait : on lui oppose les anciens, toujours présents et vivants dans leurs ouvrages, pour lui disputer la palme avec tout l'avantage que donne une gloire établie. Car, enfin, une bataille ne se rapproche point d'une bataille. Les victoires passées ne font nul tort à celles d'aujourd'hui ; au contraire, la dernière efface toujours toutes les autres : Pharsale fait oublier Arbelles, et au jour de Cerisoles on ne se souvient plus de Marignan. Mais, que Canova envoie une figure à Paris, elle y trouve l'Apollon, le Laocoon, le Gladiateur. Sa besogne est mise à côté de celle d'Agathias, mort il y a deux mille ans ; et chacun peut, d'un coup d'œil, juger qui des deux mieux a fait. Non-seulement ses contemporains, mais tous les siècles passés, lui disputent le triomphe.

— En vérité, dit la comtesse, je ne sais pas s'il *impose; mais il parle sur la chose comme s'il avait raison*. Qu'en pensez-vous? me dit-elle. — Moi, Madame, je vois que le monde est bien sot d'honorer tous ces gens qui gagnent des batailles et soumettent des provinces, et de ne pas voir que la gloire, l'estime, l'admiration publique, appartiennent de droit aux peintres et aux poëtes. Voilà de beaux héros, vraiment, que ces César et ces Alexandre, pour être ainsi célébrés et divinisés; parlez-moi d'un homme qui fait des tableaux de chevalet ou des rimes redoublées. Quel tort on vous fait là, Messieurs! Cela crie vengeance! — Ne vous fâchez pas, me dit-il; tout va mieux que vous ne pensez, et les artistes ni les poëtes n'ont pas tant à se plaindre de l'injustice des hommes : car, travaillant pour la gloire, ils en ont de reste, et sont mieux partagés à cet égard que les conquérants. — Comment? m'écriai-je, surpris d'une pareille assertion. — Oui, vous et bien d'autres, dit-il, vous prenez le bruit pour de la gloire. — Oh! nous savons faire cette distinction. — Mon Dieu, non, vous ne la faites point. Vous croyez (quand je dis vous, c'est la plupart des gens) qu'un homme dont on parle beaucoup a beaucoup de gloire. — Selon, dis-je, comme on en parle. — Et ce fut là, continua-t-il, la dispute de Boileau et du prince de Conti. Vous savez ce trait? — Non, je pense.

— Boileau était dans le carrosse du prince de Conti, et on parlait de cela justement, de la gloire des lettres et des arts, que le prince rabaissait fort, faisant cas seulement de celle qui s'acquiert par les armes. Chacun, comme vous croyez bien, fut de l'avis de Son Altesse. Boileau seul, peu courtisan, soutint et par vives raisons prétendit prouver que la gloire d'Homère égalait celle d'Alexandre. Là-dessus, un homme passant, le prince l'appelle, et lui demande : « Mon ami, dites-moi qui était Alexandre ?— Un « grand capitaine, Monseigneur.—Et Homère, « qui était-il ?—Ma foi, Monseigneur, je ne sais.» On se moqua du pauvre Boileau. Vous voyez que le prince prenait pour de la gloire le bruit des conquêtes d'Alexandre, et triomphait de ce que cet homme en avait ouï quelque chose, n'ayant de sa vie entendu le nom du poëte. — Mais, Monseigneur, demandez-lui qui est le bourreau de Paris, il vous le nommera sur-le-champ; et qui est le premier prédicateur de la cour, il ne saura que vous répondre. Est-ce que le bourreau a plus de gloire, et préféreriez-vous sa renommée à celle du révérend père Bourdaloue? Voilà ce que put dire Boileau. Il avait trop de sens pour juger autrement de ces choses-là. Il se connaissait en gloire, non pas seulement en poésie, et il faisait, lui, peu de cas de celle d'Alexandre. Il le traitait de fou, d'enragé : vous rappelez-vous ces vers? *Qui, traînant après soi les horreurs de la guerre,* — Oui, oui, *de sa vaste folie...* — C'est cela. — *Remplit toute la terre.* Mais s'il parle de Racine : *Eh! qui, voyant un jour....* comment est-ce qu'il dit? *ne bénira d'abord le siècle fortuné...* — Ah! il était poëte. — D'accord. — *Vous êtes orfévre, monsieur Josse?* — Mais les âges suivants ont trop bien confirmé ce jugement de Boileau pour que l'on en puisse appeler; et sa prédiction s'accomplit chaque jour sur nos théâtres, où tout Paris applaudit les pièces de Racine. Chaque jour on bénit le siècle qui vit naître ces pompeuses merveilles. Le siècle qui vit les carnages d'Arbelles et d'Issus, s'avisa-t-on jamais d'en bénir la mémoire? Et regrette-t-on qu'Alexandre n'ait pas vécu plus longtemps pour donner d'autres batailles, comme on pleure que Racine ait refusé à la scène de nouveaux chefs-d'œuvre après Athalie? En un mot, qu'est-ce que la gloire?

— La gloire? dis-je : pour en trouver la juste définition, il y faudrait penser un peu. — Oh! dit la comtesse, la voici toute trouvée, la définition. » Et elle prit un livre près d'elle, et, tournant quelques feuillets : « C'est du Montaigne », nous dit-elle. Et elle lut : « *La gloire est l'approbation que le monde fait des actions que nous mettons en évidence.* »

Et Fabre là-dessus :

« Eh bien! est-ce cela? Vous paraît-elle exacte, cette définition? »

Et comme je fis signe que je m'en contentais :

« Voyons donc à présent, dit-il, qu'approuve davantage le monde, la guerre ou la poésie. — On approuve l'une et l'autre en son temps. — Mais, répliqua-t-il, en tout temps on approuve les vers, pourvu qu'ils soient bien faits, comme ceux de

Racine ou de Boileau : qu'en dites-vous? — Sans doute. — Et les peintures comme celles de Raphaël, les statues telles que l'Apollon, ne sont-ce pas là des choses qu'on approuve toujours? — Belle demande! — Et partout? »

J'en demeurai d'accord.

« La guerre, poursuivit-il, bien faite, comme la faisaient Alexandre et César, l'approuve-t-on toujours? »

Je ne répondis pas d'abord.

« Que vous en semble? — Eh, mais! lui dis-je, c'est selon. — Selon quoi? — Selon qu'elle est ou juste ou injuste, et encore selon l'intérêt que chacun y peut avoir. — Vous dites bien, me répondit-il : car, par exemple, ceux qu'elle ruine, et le nombre en est infini, ne l'approuvent nullement. Les orphelins, les veuves, les parents à qui elle arrache un fils en âge de payer les soins paternels; enfin les pères, les mères, les femmes, les enfants, voilà, comme vous voyez, une bonne partie du monde, sans parler des marchands, laboureurs, artisans, qui n'approuvent point la guerre, quelque bien qu'on la fasse. Aussi, à dire vrai, les connaisseurs sont rares. Tandis qu'il y aura peut-être quelques tacticiens qui s'écrieront, à la lecture d'une relation : « Oh ! la belle « bataille ! le beau siége ! » tout le reste du genre humain, noyé dans les pleurs, chargera d'exécration l'auteur de la bataille ou du siége. Voilà l'approbation qu'on donne à la plus belle guerre.

— Avec tout cela, dis-je, il y a des guerres justes ; vous ne le nierez pas. — Quoi ! dit-il, elles le sont toutes. Il n'y en a point qui ne soit juste d'un côté et injuste de l'autre. — Eh bien ! la guerre juste, on l'approuve. — Vous ne m'entendez pas, dit-il. Nous parlons de la gloire des guerriers. La gloire, en ce genre, c'est de tuer beaucoup. C'est cela qui fait le héros, à tort ou à droit, il n'importe ; et celui qui perd la bataille n'est jamais qu'un misérable, eût-il toute la raison du monde. Le vainqueur seul est le grand homme, et le plus grand homme est celui qui tue davantage : car ce ne serait rien d'avoir tué quinze ou vingt mille hommes, par exemple. Avec cela on est à peine nommé dans l'histoire. Pour y faire quelque figure, il faut massacrer par millions. Or, ces boucheries-là, quelque belles, quelque admirables qu'elles soient, au dire de ceux qui s'y connaissent, le monde, pour user des termes de Montaigne, les approuve peu, généralement. »

Nous lui témoignâmes quelque doute que cela fût vrai. Car on admire, disions-nous, beaucoup plus les conquérants que les rois bienfaisants; et la comtesse ajouta qu'il n'y avait point d'homme qui n'aimât mieux être Alexandre que Titus.

« Il se peut, et je crois comme vous, répondit Fabre; peut-être aussi admire-t-on plus un fameux brigand qu'un sage magistrat. Cependant on approuve le juge qui fait pendre le brigand. Enfin vous et moi, me dit-il, nous approuvons plus Raphaël d'avoir bien peint la Madone et l'enfant Jésus que César d'avoir égorgé trois millions d'hommes en sa vie; et le monde est, ce me semble, assez de notre avis. Il se fait tous les jours des massacres qui valent bien ceux de César; mais le monde y prend peu de plaisir, et divinise des ouvrages bien au-dessous de ceux de Raphaël. Si les vœux de la terre y faisaient quelque chose, on verrait moins de Césars et plus de Raphaëls. En doutez-vous? C'est qu'on approuve la besogne de ceux-ci, non de ceux-là; et pour en venir aux exemples, continua-t-il, Alexandre, dont nous parlions, c'est le coryphée des destructeurs de l'espèce humaine; nul ne l'a surpassé dans cet art. Les guerres d'Alexandre, en son temps, pensez-vous qu'on les approuvât? —Tout le monde, non. — Comment, tout le monde? Et de qui croyez-vous qu'elles fussent approuvées? Des Perses, qu'il exterminait? il n'y a pas d'apparence. Des Grecs, qu'il massacrait à Thèbes? Des Macédoniens, à qui sa gloire coûtait leur sang, leurs enfants et le produit le plus net de leurs héritages? Mais non. De ses compagnons peut-être, des chefs de son armée, qui périssaient victimes de ses extravagances, ou punis de les avoir blâmées? A celui qui lui conseillait de faire enfin la paix vous savez ce qu'il répondit : *Oui, si j'étais Parménion*, c'est-à-dire si j'étais un homme; mais je suis un héros, il me faut du carnage; tout autre passe-temps est indigne de moi, et je veux m'y divertir tant que je trouverai des villes à saccager, des champs à ravager, des gens à égorger. Pensez, je vous prie, comme cette rage plut au général Parménion, qui eût bien voulu jouir un peu de sa nouvelle fortune à Pella, et comme il goûta le projet de s'en aller subjuguer l'Inde et la Libye. Ce que Boileau appelle folie dans Alexandre, alors on le nommait autrement, et personne, croyez-moi, n'approuvait ses fureurs, non pas même ceux qui en profitaient. »

Voyant qu'il s'arrêtait et nous regardait pour connaître ce que nous pensions :

« Il y peut avoir, dis-je, à cela quelque chose de vrai. — Or, dites-moi, reprit-il, les poëmes de Racine, les tableaux du Poussin, ou du temps d'Alexandre les peintures d'Apelles, les sculptures de Lysippe, furent approuvées des Grecs, des Macédoniens, des Perses, également. Étrangers, citoyens, alliés ou ennemis, tous d'un commun accord louèrent ces ouvrages et leurs auteurs. Si cela n'est écrit, il est probable au moins. Eh ? — Je n'en fais nul doute. — L'approbation du monde, ou la gloire, selon Montaigne, était donc pour ceux-ci, et non pour Alexandre. Que vous en semble? — Mais vraiment... — Et eux, des millions de bras, ne s'armèrent point pour les aider à se faire un nom. Point de gens à cheval, point de phalanges à leur commandement : seuls, sans bouleverser l'Europe et l'Asie, sans piques ni épées, ils ont forcé le monde à les admirer. Encore, ajouta-t-il, ceux-là dont la renommée coûte si cher au genre humain, que laissent-ils après eux? Un bruit, un souvenir mêlé avec celui de désastres fameux; mais rien qui soit proprement d'eux; nul monument, nulle œuvre de leur intelligence, qui les représente aux hommes. Par les arts seuls qu'ils ignorent ils vivent dans la mémoire, et leur gloire, toujours indépendante du labeur d'autrui, périt si quelqu'un ne prend soin de la conserver.

— Ah! lui dis-je, celle de César se passe très-bien d'un pareil service, et personne, je crois, n'a mieux su se recommander soi-même à la postérité. — Il est vrai, certes, et c'est là ce qui le distingue du vulgaire des conquérants. Aussi était-il autre chose qu'un donneur de batailles. Mais vous m'avouerez que sa tactique ne brillerait guère maintenant sans sa rhétorique, et que celle-ci fait bien valoir l'autre. Car, enfin, qu'est-ce qu'une gloire dont aucun titre ne subsiste? Qu'est-ce qu'un nom tout seul dans la postérité? Ceux-là vraiment ne meurent point dont la pensée vit après eux. Alexandre fut grand guerrier : on le dit, je le veux croire; mais Homère est grand poëte: je le vois, j'en juge moi-même, et, si je l'admire, c'est avec pleine connaissance, non sur la foi des traditions. Raphaël respire encore et parle dans ses tableaux. La Fontaine m'est mieux connu que si, lui vivant, je le voyais sans lire ce qu'il a écrit. On peut dire même que ces hommes-là gagnent à mourir, et que leur âme, qu'ils ont mise tout entière dans leurs ouvrages, y paraît plus noble et plus pure, dégagée de ce qu'ils tenaient de l'humanité. Mais vos guerriers, leurs équipages, leur suite, leurs tambours, leurs trompettes, font tout leur être, et, perdant cela, qu'ils vivent ou meurent, les voilà néant.

— Sur ce pied-là, dit la comtesse, Trissotin avait raison, qui n'*aurait pas voulu changer sa renommée contre tous les honneurs d'un général d'armée*. — Trissotin, je ne sais, dit Fabre; mais à votre avis, Madame, tous les honneurs que l'on rendait par ordre du roi à messieurs les maréchaux valaient-ils un peu seulement de cette gloire que Corneille *ne devait qu'à lui-même?* Et Molière, qui parle ainsi, aurait-il changé la sienne contre celle d'aucun général, quand c'eût été même Turenne ou Condé? Aurait-il donné *le Misanthrope* pour toutes leurs batailles? Son ami Boileau, je crois, ne le lui eût pas conseillé. Il savait trop bien, lui, qu'*on ne fait pas des vers comme l'on prend des villes*, et que tout ce que font les héros s'est fait de même avant eux, se fera encore après, et se ferait sans eux. Quelqu'un aurait gagné la bataille de Rocroi, quand même monseigneur ne s'y fût pas trouvé; mais *le Misanthrope*, qui l'eût fait sans Molière? Quand a-t-on fait rien de pareil, avant ni depuis? Et je vous prie, duquel se passe-t-on mieux, de batailles ou de bonnes comédies? »

Comme la comtesse allait lui répondre, un domestique entra et dit que l'on avait servi.

« Ceci vient à propos pour vous, dit-elle à Fabre, car vous voilà, je pense, au bout de vos raisons. — Rien moins, sur mon honneur. Je ne vous en ai pas dit le quart, ni les meilleures. — Tenez, Madame, de grâce, que répondriez-vous...? — Non, non, je vous donne gagné, dit-elle, et je tombe d'accord de tout ce que vous voudrez, pourvu que nous nous mettions à table.»

Nous nous y mîmes, et la comtesse, pendant le dîner, fit la guerre à Fabre sur sa façon d'argumenter et son panégyrique des arts. A propos des arts, nous parlâmes de madame Hamilton, qui a longtemps habité cette maison-ci, et puis de Nelson, à propos de madame Hamilton. La comtesse l'a connu, et dit qu'il ressemblait à Canova[1]. Après le dîner, elle et Fabre montèrent en voiture, et je rentrai chez moi, où j'écrivis ceci.

1. Fabre a peint le portrait de Canova. C'est un de ses meilleurs.

HOMÈRE

Plus Gentil qu'Annibal.

Il faut courir tous les dangers;
Il faut aimer toutes les belles.

A BERLIN,

Chez ARNAUD WEVER, Libraire.

M DCC LXIII.

6.

Note de l'éditeur. — Malgré notre habitude de conserver l'orthographe des ouvrages que nous reproduisons, nous avons cru devoir rectifier celle de cet opuscule, défigurée par des irrégularités qui viennent uniquement de ce qu'il a été imprimé à l'étranger, et ne présentent, par conséquent, aucun intérêt philologique.

HOMÈRE

PLUS GENTIL QU'ANNIBAL.

Dédié à Moi.

CHEVALIER, disoit l'autre jour une femme d'esprit à son amant, cessez de faire la guerre, ou je cesse de vous aimer. — Mais, Madame, l'honneur m'engage. — A vous faire tuer, n'est-ce pas? Vous l'avez assez risqué. Depuis votre dernière blessure, il ne m'est plus possible de vous laisser partir. Je ne conçois pas, Chevalier, comment, avec tout l'amour que vous avez pour moi, il vous reste encore tant d'ardeur à détruire le genre humain. — Vous le savez, Madame, je n'entre dans tout cela que pour cause seconde; la patrie. — Eh! laissez donc là ce grand mot, interrompit la Comtesse; vous voulez être colonel, voilà tout; mais il ne me plait pas, vous dis-je; vous en avez acquis toute la gloire, et c'est assez pour moi, pour vous et pour l'Etat. La paix s'approche, mon cher, je vous réforme. — Ma belle Comtesse, de grâce, encore une campagne. Toute la Cour a les yeux tournés sur mes actions; que diroit ma famille, le public, si, démentant quelques exploits heureux, j'allois, lorsqu'on n'attend plus qu'une bataille décisive, me démettre...? — Il n'y a pas, Monsieur, de fermeté dont je vous tinsse compte autant que de celle-là, par exemple. Le monde, Chevalier, voilà la victime qu'il me faut; je vous ai sacrifié, Monsieur, bien d'autres préjugés : si j'ai perdu pour vous une espèce de réputation aux yeux des sots, après tous les lauriers dont vous êtes couronné, il vous est bien permis d'en perdre quelques-uns pour moi. — Eh ! Madame, pourrois-je me montrer désormais affranchi de ce dédain cruel que les ministres et les grands savent si bien nous faire sentir lorsque...?—Quoi, Chevalier, ces petits hommes, dont le blâme vous fait si souvent hausser les épaules, dont vous méprisez même l'estime frivole, vous arrêtent, quand il s'agit de m'accorder une douce préférence sur le métier le plus ingrat, le plus inconséquent, le plus...? — Comtesse, interrompit le Chevalier, d'un air un peu moins tendre qu'auparavant, j'ai, sur la profession que vous attaquez, des idées nobles et généreuses que vous ne m'ôterez jamais. — Et moi, Monsieur, j'en ai de plus justes que je veux vous donner. — C'est en vain, Madame, que vous l'espérez. — Je ne l'espère pas, j'en suis certaine. J'ai quelquefois assisté aux leçons de philosophie qu'on fait publiquement par la ville; de la physique, j'en ai vu chez *Nolet;* pour la morale, j'ai là vingt brochures, où j'en ai plus appris qu'il n'en faut pour vous confondre. — Vous oubliez, Comtesse, avec modestie, que votre esprit est orné des plus beaux traits de l'histoire des nations. Mais suffit-il de ces connoissances pour me prouver que la guerre...? —Je n'en ai presque pas besoin, Chevalier; de la raison, je ne veux que cela, et ce que vous m'en avez laissé, traître que vous êtes, ne vous fera pas seulement grâce d'une escarmouche. Écoutez-moi, et sachez qu'une femme peut quelquefois disserter sur un sujet très-mâle. — Vous y donnerez du moins, belle Comtesse, le coloris de Vénus qui cherche querelle au dieu Mars. — Oui, de Vénus, cela est bien dit, car je suis un peu gaillarde avec vous, et je ne me piquerai pas toujours d'une grande délicatesse d'expression pour vous réduire à l'absurde. Je prendrai mes preuves comme elles s'offriront; il suffira que, pour le fond, elles soient concluantes et sans réplique. Déjà, auriez-vous l'audace, mon cher petit Chevalier, de placer les guerriers à côté des gens de lettres? — Je n'hésiterai jamais à soutenir bien davantage, Madame, puisque faire et dire de grandes choses est la différence énorme qui les sépare, qui les distingue, et qu'il est, dans les circonstances même les plus simples, beaucoup plus facile de parler que d'agir. — Quoi! Monsieur, la faculté d'égorger dix mille hommes en bataille rangée auroit par elle-même un principe physique aussi grand, aussi rare, que le don d'enfanter de beaux vers, d'excellente prose, de dicter aux hommes des loix sages, ou de les bien gouverner? Oui, Comtesse, et le seul motif de défendre sa patrie transporte le moindre guerrier au-dessus de toutes les têtes littéraires. — Mais, Chevalier, est-il besoin de prouver que l'homme de lettres peut joindre à ses talents l'amour de la patrie, et que le guerrier rassemble rarement toutes ces qualités? Je ne veux pas même discuter combien le temps qu'il donne à l'une est toujours aux dépens de l'autre; il ne s'agit ici que de l'espèce de génie qui l'anime, et non des obstacles qu'il peut y apporter pour l'affoiblir. — Comtesse, que votre ton dissertateur promet déjà de m'intriguer! — Je m'en suis flattée, Monsieur l'obstiné. A ne considérer d'abord que l'exécution machinale de la discipline et des travaux militaires, où l'on sait que les généraux eux-mêmes doivent mettre la main pour l'exemple et la réussite, on trouvera qu'Alexandre tout le premier n'étoit qu'un manœuvre brillant auprès de Virgile et de Lycurgue. — Mais, Madame... — Mais, Monsieur, ces vrais génies pensent, imaginent sans cesse. Alexandre suit la routine qu'il a trouvée établie avant lui; il ne falloit, pour pénétrer jusqu'au cœur de l'Inde, que des Soldats moins aguerris que fidèles, et l'envie d'y aller : il n'y a qu'une intelligence vulgaire à cela; le génie auroit été, peut-être, de s'y maintenir, ou plutôt de négocier avec ses voisins, pour contenir les Perses, quelques provinces limitrophes à la Macédoine, et s'en tenir là. Y avoit-il un sergent dans son armée qui n'eût pu aller aussi loin que lui parmi des barbares, sans savoir comment il en reviendroit? A l'égard de ses victoires surprenantes, il ne faut pas appeler vrai génie ce qui ne paroît, quand on pense, que hasard et témérité. — Fort bien, Comtesse, voilà donc le grave Plutarque, le touchant Quint-Curce et tous les historiens convaincus d'erreur, de flatterie ou d'interêt. — Rien de plus ordinaire, Monsieur, car enfin, si le génie, tel que je le conçois, présidoit à la victoire, nos grands capitaines pourroient-ils jamais perdre une bataille? — Eh! Madame, les armes sont journalières. — Eh! Monsieur, est-ce que Racine et Corneille étoient journaliers? — En vérité, Comtesse, vous soutenez vos petits arguments d'un feu roulant qui m'embrase. Mais convenez pourtant que la profession guerrière bien entendue est un état héroïque et sublime. — J'y consens, Chevalier, et je n'appuyerai pas sur ce qu'ont dit d'habiles gens, que la gloire des armes est absolument liée au malheur des hommes. Ces assertions ne sont point assez liées elles-mêmes au point de vue par où j'envisage la supériorité que le génie littéraire ou philosophique a nécessairement sur les armes. J'ai perdu mon procès, si les combinaisons les plus profondes, les plus promptes, les plus sûres, qui remportent les grandes victoires, découlent strictement du même génie qui fit trembler Catilina par la bouche de Cicéron. — Comtesse, avez-vous lu Jean-Jacques? Il n'y a pas chez lui un paradoxe aussi fier, aussi embarrassant, que celui qui vient de vous échapper. — Il s'agit de savoir, continua la Comtesse, si, en faisant abstraction des études de Démosthène, il ne lui seroit pas resté encore autant de génie pour déconcerter les projets de Philippe qu'il en falloit à César, aidé de toute son armée, pour gagner la bataille de Pharsale. Je tiens pour l'affirmative, et c'est de cette proposition que je tire la prééminence de la raison transcendante par elle seule sur la raison appuyée, étançonnée d'instruments secondaires, étrangers à sa nature ; et la question me paroit décidée. » Le Chevalier regarda sa maitresse avec une sorte d'admiration : il auroit bien pu lui répondre, mais il ne se croyoit pas assez préparé. « Si l'ennemi, reprit-elle en triomphant de sa surprise, a sur vous les forces du nombre, il faut l'éviter, se poster avantageusement, et imiter Fabius, dont les campements contre Annibal sont les plus célèbres de l'Antiquité. Mais, avec tout le respect que j'ai pour Tite-Live, je ne vois, dans le secours négatif du fameux temporiseur romain, qu'une opération de jugement assez commune : tant de batailles perdues avant qu'il arrivât, et l'épouvantement des troupes, devoient la lui suggérer sans effort de génie. Ah ! Chevalier, que j'en sens bien davantage dans ces quatre petits vers élégants :

Une jeune cabaretière
Acheta son lit vingt écus ;
Elle en gagna cinq cens dessus :
O la grande usurière ! »

Cette disparate inattendue déplut au Chevalier ; mais il aimoit, il étoit heureux, et la citation un peu indécente lui rappela des moments dont il s'étoit si bien tiré auprès de la Comtesse qu'il oublia d'écraser cette foible comparaison, et la Dame continua : « *Si le génie suppose toujours invention*, dit l'auteur de l'Esprit, *toute invention cependant ne suppose pas le génie*. De là je conviendrai, Chevalier, que la guerre par excellence comporte, si l'on veut, beaucoup d'invention ; mais du génie, c'est trop ; son fond maigre est si incertain, si dépendant des plus petites choses, qu'on ne sait pas encore si César étoit réellement supérieur à Sertorius. — Courage, Madame, vous ne vous plaindrez pas, du moins, des égards que j'ai pour vous. Je pourrois trancher à tout moment le fil de vos idées, mais j'aime trop la main qui les conduit. » Là-dessus il dérobe un baiser, qu'on lui rend, et la comtesse de poursuivre : « Dans une de ses premières expéditions, M. de Turenne fut battu. On ne lui contestera pas d'être né avec tout le talent possible qu'il faut à la guerre ; cependant il fut battu. Il en vit la raison, et confessa qu'il n'avoit reçu cet échec que pour n'avoir pas suivi les règles. Or, qu'est-ce donc que ce génie, un des premiers de son ordre, qui ne peut trouver sur-le-champ dans son propre fonds une loi nouvelle qui ramène une armée mise en déroute pour s'être écartée d'une loi établie ? Quand les grands poëtes, les divins législateurs, s'écartent des règles, ils réussissent encore au milieu de leur écart, et voilà dès lors une règle nouvelle ; mais le guerrier, pour démontrer la supériorité du génie des armes sur celui des lettres, ne fera pas, je crois, une règle de génie d'une bataille perdue. — Je soutiens qu'oui, reprit le Chevalier avec vivacité, et, malgré le plaisant de votre objection, la retraite des dix mille, celle d'Arras, celle de Prague, sont des coups de génie, et j'aimerois mieux perdre comme Turenne et Condé que de gagner comme Charles Douze. — Au moins, ne me nierez-vous pas, dit la Comtesse, qu'un peu de géographie, de mathématique, beaucoup de courage et de bonheur, ne suffisent tous les jours pour dévaster l'univers. Plusieurs sciences, une grande connoissance des livres et des hommes, ne sauroient créer un grand esprit, encore moins un beau génie. Après cela, comparez, si vous l'osez, ce qu'on appelle génie à la guerre aux talens sublimes du poëte, du philosophe ou du législateur. Et l'on en peut inférer en passant qu'indépendamment du zèle pour la Patrie, zele que tout homme peut posséder en toute sorte de condition, il n'y a pas une seule des qualités militaires des Scipion et des Pompée qu'un homme de lettres ne puisse avoir au suprême degré. Si votre armée.... car, depuis que vous ravagez l'Allemagne, j'ai lu Feuquières, ne vous en déplaise ; si votre Armée, disent les grands tacticiens, est forte et aguerrie, et celle de l'ennemi foible, sans expérience, ou amollie par l'oiseveté, il faut chercher les batailles, comme firent Thémistocle et Mithridate avec leurs vieilles troupes victorieuses. Dans ce précepte, réduit quelques fois en pratique, et qui fait remporter des victoires complètes, il n'y a pas, Chevalier, plus de force de génie que dans ce quatrain nerveux et naïf :

Je vois d'illustres cavaliers,
Avec laquais, carrosses, pages ;
Mais ils doivent leurs équipages,
Et je ne dois pas mes souliers.

— Oh ! c'en est trop, je ne puis vous pardonner, Comtesse, de pareilles applications. Il perce dans vos exemples une malignité, une fureur de rapetisser les Héros, dont toute autre que vous se repentiroit. Car enfin, quel choix ignoble, introduit à la place de tant d'ouvrages délicats, qui devoient passer du moins par une bouche si belle et faite uniquement pour... —Que voulez-vous dire avec ma bouche, Monsieur? Faut-il asservir la dispute au sexe, ou le sexe à la dispute? Croyez-moi, c'est où je vous attendois, Chevalier, pour vous prouver que des vers plus recherchés que ceux-ci auroient semblé détruire l'inégalité de génie que la nature a marquée, malgré vous, entre le cheval Pégase et le cheval de Troie. « Le Chevalier sourit et se tut par complaisance « Epaminondas, continua la Comtesse, étoit pauvre et philosophe, et n'avoit jamais fait la guerre ; dès sa première campagne, il fit trembler toute la Grèce. Peut-être voudrez-vous, au lieu d'admettre la facilité de réussir à la guerre, en faire honneur à la philosophie du Thébain, ce qui ne laisse pas d'être assez vraisemblable. Mais jetons les yeux d'un autre côté : Lucullus, ce Romain si voluptueux, part de Rome, étudie la guerre pendant la route et défait Amilcar en descendant de carrosse. De ces deux exemples réunis, il semble donc que l'on peut s'illustrer aux champs de Mars à bien juste prix. — A juste prix, Madame, ô ciel ! Cet Epaminondas, ce Lucullus et tant d'autres, nés avec le génie créateur de la guerre, n'attendoient que l'occasion de le développer : s'ils n'avoient eu un vrai génie, auroient-ils jamais forcé les faveurs subites de la victoire ? — Mon pauvre Chevalier, à cette objection spécieuse je n'ai besoin de vous oposer que la quantité de victoires remportées par des généraux du plus mince calibre, et blanchis sous le harnois, dont l'histoire ancienne et moderne est remplie. Savez-vous, Chevalier, ce qui porte le plus l'air de génie à la guerre ? C'est le mensonge éternel dont on y fait usage, parce qu'il agit indépendamment de certaines pratiques matérielles qui décident des beaux succès ; mais, outre qu'on ne croit plus à cette sorte d'imposture, c'est un moyen si facile, si peu généreux, qu'en vérité, il faut n'avoir plus d'autre ressource pour l'employer. — Oh ! répliqua le Chevalier, si l'on faisoit encore la guerre avec l'âme noble de Lycurgue, qui n'a jamais poursuivi l'ennemi, ni usé de retranchement, vous entendez bien que.... — Oui, j'entends, Monsieur, qu'il n'y auroit pas aux yeux de notre siècle philosophique assez de lauriers à cueillir en une heure, ni assez d'hommes à exterminer en un jour. — Ce n'est pas ce que j'entends, Madame. — Cela ne veut pourtant dire autre chose, Monsieur. De plus, continua-t-elle, on pourroit presque avancer, malgré tout ce que disent les enfants de Bellone de la diversité étonnante des circonstances militaires, qu'il est très-aisé de piller des victoires dans les gens du métier, comme un musicien pille dans un autre musicien des airs qu'il donne pour nouveaux au public. En un mot, donnez-moi la rage de la gloire et le royaume de France, en dix ans je fais la conquête du monde. — Comtesse, elle est déjà dans vos yeux, la France est inutile. — Ah ! que vous êtes galant, Chevalier ; mais enfin, quand toutes ces raisons ne militeroient pas pour moi et ne prouveroient pas l'aisance de battre une armée, rien ne détruiroit la difficulté unique et prodigieuse d'imaginer le *Paradis perdu* ou l'*Esprit des Loix*. — J'avoue, Madame, qu'il y a du vrai dans cet argument-là. Mais répondez à cette ruse d'un barbare : Les soldats d'Ambiorix chargeoient l'ennemi quand il fuyoit, et fuyoient quand il tournoit le visage. — Je trouve, dit la Comtesse, qu'elle est tant soit peu moins solide et plus incertaine que la tendre industrie que respire ce madrigal :

Marchez tout doux, parlez tout bas,
Mon doux ami :
Car, si mon papa vous entend,
Morte je suis.

Quel naturel ! Et pourtant que d'invention ! — Tant qu'il vous plaira, dit le Chevalier en boudant ; mais comparer à la guerre une petite Catin !

— Enfin, Monsieur, je conclus irrévocablement de tant de parallèles raisonnés que les preuves du vrai génie sont toutes concentrées dans un livre, et qu'il est bien plus l'ouvrage d'un seul homme qu'une victoire, qui semble devoir tant de choses au hasard et dépendre de tant de têtes, n'est l'ouvrage d'un seul général. Tout ce qu'un Hercule conçoit de plus vigoureux, de plus malin, tient trop à des règles perfectionnées, fixées depuis Nembroth, et dont on ne peut plus s'écarter, pour qu'un officier du pape ne le devine pas, mis une minute à la place d'Hercule ; et selon Aristote, qui le tenoit peut être de Moïse ou de Cyrus, la valeur même n'est qu'une science. — Mais, dit le Chevalier, d'où vient, en suivant, moi, pied à pied vos principes, le maréchal de.... n'a-t-il pas deviné aussi juste à la défaite de... que le maréchal de... à la victoire de...?—C'est, Monsieur, que des généraux qui reçoivent des ordres à deux cens lieues du ministère, quelle que soit leur grande capacité, ne perdent ou ne gagnent que par fortune. Les loix de Lycurgue ne vouloient pas qu'on fît longtemps la guerre aux mêmes ennemis : pourquoi? C'est qu'il craignoit de la leur enseigner. Or, Monsieur, le génie ne s'enseigne point. Platon, Molière, en donnant au public leurs différents chefs-d'œuvre, ont-ils craint d'instruire leurs rivaux à les égaler ou à les surpasser? — Voici, Madame, un tome de Fontenelle que j'ouvre par distraction : j'y entrevois un paragraphe qui se joint à vous pour me terrasser. — Le hasard est désagréable, Chevalier, mais le procédé est bien généreux ; lisez cependant votre arrêt. — Volontiers, Comtesse : « La plupart des gens « de guerre font leur métier avec beaucoup de courage, « il en est peu qui y pensent ; leurs bras agissent aussi « vigoureusement que l'on veut, leur tête se repose et « ne prend presque part à rien. » — Eh bien, Chevalier, si cet homme-là n'avoit voulu nous parler que des simples soldats, sa réflexion eût été aussi plate que le papier qui la contient. Mais, sous ce nom collectif de gens de guerre, il a très-poliment désigné la populace des officiers, et peut-être celle des généraux. Car enfin, les règles de la guerre sont écrites, et, si l'on pouvoit s'en départir d'un point, le sobre *Lamachus*, général athénien, n'auroit pas dit, il y a dix mille ans : « Les loix « de la guerre ne pardonnent pas deux fois. » Si elles ne suffisent pas de nos jours, il vaut autant les brûler ; si elles remplissent leur objet, il n'y a donc qu'à les suivre, et c'est ce qu'on observe avec une rigueur qui coupe les aîles à toute sorte de génie; et pendant ce temps-là votre tête se repose. Les applications ont beau être nouvelles, les conséquences y tiennent de si près aux principes qu'à peine on y peut distinguer la cause d'avec son effet : les grandes manœuvres et la petite guerre n'y vont jamais que d'un vol uniforme ; comme les dieux d'Homère, on n'y fait que planer ; celui qui voudroit y faire un saut seroit puni en gagnant la victoire pour avoir risqué de la perdre. Ainsi, en se renfermant dans l'étroitesse des devoirs, la tête se repose, ou peu s'en faut, depuis le général jusqu'au goujat ; et la poudre à canon est sortie des enfers depuis quatre cens ans pour tuer la valeur, et pour ôter au génie ses dernières espérances. Allons, Chevalier, ne vous rendez-vous pas ? — Moi, Madame ? je ne me rendrai de la vie. Cependant poursuivez, Comtesse, poursuivez. Mais on va servir, j'aurai donc l'honneur de vous répondre après le souper sur quelques articles d'une autre espèce, où mon amour, plus heureux dans ses preuves... — Taisez-vous, indiscret. Je n'ai plus que quelques bottes à vous porter, tenez-vous bien vous même, et je continue. Les récompenses sont quelquefois excessives à la guerre, et les châtimens presque toujours atroces; c'est-à-dire qu'on y fait rarement de grandes choses, et très-souvent de grosses fautes, nées de l'inobservance de règles infaillibles, qui, trop bien observées, ne font du génie qu'un maraudeur affamé de sang. Mais il y en a du moins dans ces vers d'un amant maltraité :

Grotte sombre, épais bocage,
Où ses vœux et mon hommage
De nos mains furent gravés,
Rappelez à la volage
Les momens que vous savez.

— Quand vous mettriez à contribution *Pindare* et *la*

Pétréade, je me brouille, Madame, pour un quart d'heure, si vous n'ajustez vos autorités au niveau du sujet important dont vous m'entretenez. — Eh ! dit la Comtesse, ne suis-je pas déjà convenue, à l'égard des chefs, que, soit qu'ils gagnent ou qu'ils perdent, *la chose publique* les rend respectables, et même qu'il est de beaux traits dans le spectacle sanglant des guerriers de toute espèce ? Mais ce mérite-là ne part point du génie, il vient de la vertu ; tous les hommes en sont capables, et chacun même la porte dans son cœur à sa manière. Le plus beau sentiment du guerrier n'a donc rien de commun avec tout le reste de la nation ; et dans ce sens il n'est pas si préférable ni si fort au-dessus de tous ceux qui aiment ou qui servent différemment leur patrie : car le plus grand malheur d'un peuple n'est pas d'être subjugué par un autre peuple, comme son plus grand bonheur n'est pas de soumettre et de dominer une nation étrangère. — Morbleu ! Madame, parcourez les Folards et tous les fastes de la vengeance, vous y verrez pourquoi il faut accabler son ennemi ou en être accablé, vaincre ou mourir. Le lustre des armes se ternit quand on ne songe qu'à conserver ce qu'on a, sans se soucier de faire des conquêtes ; la réputation se perd premièrement, et ensuite la puissance. — Il y a donc à parier sa tête, repartit la Comtesse, que ces furieux principes n'ont pas laissé d'engendrer, par imitation mal entendue, la plupart des fripons de la société et des meurtres qui s'y commettent ; mais, quelque utile que soit la source de ces abus, y voit-on couler ce filet de vrai génie qui murmure dans ces vers d'un buveur altéré :

Du vin que l'on boiroit, tant il est effroyable,
Pour du jus de fumier, à la santé du diable.

Je défie tout l'état-major d'en produire autant le verre à la main. » Le Chevalier, impatienté d'une pareille érudition, abandonne la main de la Comtesse et croise la jambe sur le genou, en se tournant un peu de côté ; la Comtesse s'en moque et poursuit : « Les Guerriers affrontent immédiatement la mort. Il y a dans ce parti beaucoup de force d'âme, Chevalier, mais chacun à part espère de lui échapper ; d'ailleurs, les uns y volent enflammés d'un point d'honneur qu'ils estiment plus que la vie, et les autres, qui sont le plus grand nombre, sont forcés d'obéir. A tout cela je ne vois point encore de génie : dans les uns c'est avarice, ambition, ou vertu toute pure ; dans les autres c'est esclavage. Une grande connoissance de la guerre est la principale qualité d'un chef ; elle est acquise par l'expérience, et non infuse : car enfin, Chevalier, on ne naît pas capitaine. C'est, dites-vous, l'avis de *Montecuculi ;* mais je vois qu'il n'a pas osé trancher le mot, et qu'il reconnoit dans la guerre moins de génie que d'embarras. Cependant un événement mémorable semble le contredire : c'est que le génie d'un coup de canon renversa Turenne sur la poussière. Vous dormez, Chevalier? — Non, Madame, j'exècre. — J'ai beau chercher, Monsieur, la prééminence absolue que les armes pouroient avoir sur le génie appliqué à toute profession, je n'y vois pas, quand il s'agiroit de la grande âme de César, la dixième partie de cet instinct céleste, de cet esprit divin, qui porte à l'immortalité les autres arts, les lettres, les sciences, qui sont en effet le terrein le plus analogue aux influences de la raison, du goût et du vrai génie. Vous m'avez raconté mainte fois, Chevalier, comment et d'où vient il ne faut engager les corps de réserve que dans la plus pressante nécessité. Ce précepte m'a paru incontestable ; mais voyons si la plus heureuse application qu'on en peut faire mérite le nom de véritable génie. Tout est perdu, vos lignes sont renversées, votre centre ébranlé, le soldat fuit sur les aîles de la peur ; votre phalange invincible s'avance à pas de géant, tombe sur le vainqueur, se couronne de ses lauriers, le couvre de cyprès et lui arrache la victoire. Cependant, selon les statuts de Mars, la réserve ennemie étoit prête à marcher en même temps que la vôtre, et il y a grande apparence que le génie victorieux a présidé dans les jambes de la réserve arrivée la première. J'en admire, sans doute, la sublimité ; mais vaut-elle ces deux vers philosophiques, si dignes de Corneille ou de Voltaire :

Une heure après ma mort, mon âme évanouie
Sera ce qu'elle étoit une heure avant ma vie.

—Voilà, je vous assure, dit le Chevalier en reprenant la main de sa maitresse, une citation qui vous fait honneur ; et j'ai lieu de prévoir que vous n'étendrez pas du moins votre féminin pirrhonisme sur le courage naturel. — En vérité, répliqua la Comtesse, il n'est qu'une très-petite parcelle de l'enthousiasme : quantité de beaux esprits, au lieu de bravoure, n'ont montré, je l'avoue, en mainte occasion, que des preuves de lâcheté, comme, à l'égard des talents agréables et nécessaires à la vie, beaucoup plus de héros ont donné des marques de l'esprit borné le plus crasse. Enfin, quand la guerre, ce composé d'honneur, de zèle et de justice, seroit aussi le siége des actions les plus belles et le sol du vrai génie, qui pourroit mieux y réussir que ce petit nombre d'hommes, qu'on veut en éloigner, illuminés par nature, dévoués à l'étude pour étendre les ressorts de leur âme et fortifier la trempe de leur esprit ? Socrate cueillit des lauriers autant qu'Alcibiade et lui sauva la vie. Voilà d'où vient les seuls guerriers austères, éclairés, c'est-à-dire justes et magnanimes, sont véritablement illustres. — Et voilà, s'écria le Chevalier avec transport, ce que je voudrois être ! Mais, Comtesse, oubliez-vous qu'il se fait tard ? D'ailleurs, tout l'esprit que vous m'étalez ici ne sert... — Encore un exemple ou deux, Monsieur, et je finis par vous démontrer que vous êtes fou. Pendant l'horreur du carnage, il faut, j'en conviens, secourir et rafraîchir des lions qui succombent de lassitude; et je crois que, dans le grand art de saisir l'instant où l'on peut sans risque d'être enfoncé donner le brandevin aux soldats, il y a un peu plus de génie que dans ces vers, où l'on ne laisse pas d'apercevoir...— Madame, je vous en tiens quitte.

— Sais-tu pourquoi, cher camarade,
Le beau sexe n'est point barbu ?
Babillard comme il est, on n'auroit jamais pu
Le raser sans estafilade.

— Ouf ! Adieu, Comtesse...—Restez, Monsieur l'impertinent, et profitez de mes leçons. Chacun réussit dans les armes ; pour les plus malheureux, il ne faut qu'y vieillir, commander, les grands succès les attendent ; mais la guerre demeure ce qu'elle est, je veux dire une des professions du monde la plus utile, la plus brillante, la plus facile à l'esprit et la plus pénible au corps ; tandis que, dans la carrière philosophique, la plus douce, la plus consolante, la plus nécessaire occupation des hommes, toutes les ressources du savoir ne donnent pas le génie. Eh ! pourquoi la guerre seule sembleroit-elle obtenir ce que ne sauroient obtenir toutes les sciences et la sagesse même ? Quand une belle désolation règne sur la terre, parmi les morts et les membres palpitants, quand l'atmosphère déchirée en mille éclats dégoutte le plomb, le fer et la flamme, quand on dirige avec fureur les coups de fusils sur les seuls officiers, il est encore de subtils stratagèmes, je le sais, pour assassiner dix mille moutons déguisés en héros ; mais voit-on dans ce tableau funeste autant de rudesse ingénieuse que dans ce vers heureux du Poëme :

Tonton, Titon tantôt t'a tâté tes tétons ?

Ici le Chevalier, excédé, fait semblant de s'évanouir; la Comtesse tire vite un flacon de senteur qu'elle lui répand tout entier sur le visage, en continuant son discours : « Agé de vingt et un ans, le grand Condé remporta une victoire célèbre ; Voltaire, à peu près dans un âge aussi tendre, a composé un poëme épique immortel. Mettons le poëte à la place du général, et le général à la place du poëte : on conçoit mieux comment Voltaire auroit pu gagner la bataille de Rocroi qu'on ne conçoit comment le grand Condé auroit composé la Henriade. Pour fixer enfin la prééminence naturelle entre le génie des armes et le génie des lettres, il vous est permis de comprendre, Chevalier, à qui j'accorde la palme ; mais il reste toujours vrai qu'Henri-Quatre, vainqueur et père de sa patrie, étoit un grand homme. — Ah ! je renais ! Comtesse, ma chère Comtesse, vous êtes la déesse de l'éloquence, mais je pars demain pour l'armée. »

DES PRESSES DE D. JOUAUST

IMPRIMEUR DE LA LIBRAIRIE DES BIBLIOPHILES

Rue Saint-Honoré, 338

A PARIS

www.ingramcontent.com/pod-product-compliance
Ingram Content Group UK Ltd.
Pitfield, Milton Keynes, MK11 3LW, UK
UKHW021124260726
13994UKWH00002B/985

9 782329 380971